Sitzungsberichte
der
Heidelberger Akademie der Wissenschaften
Stiftung Heinrich Lanz
Mathematisch-naturwissenschaftliche Klasse

*) *Jahrgang 1921 erschien im Verlage von Carl Winters Universitätsbuchhandlung in Heidelberg.*

Im Verlag von Walter de Gruyter & Co. vormals G. J. Göschen'sche Verlagshandlung — J. Guttentag; Verlagsbuchhandlung — Georg Reimer — Karl J. Trübner — Veit & Comp., Berlin erschienen:

Abteilung A. Mathematisch-physikalische Wissenschaften.

Jahrgang 1922: 3 Hefte.

Jahrgang 1923: 5 Hefte.

Jahrgang 1924: 11 Hefte.

Abteilung B. Biologische Wissenschaften.

Jahrgang 1923: 1 Heft.

Von Jahrgang 1925 ab findet die Trennung in Abteilung A und B nicht mehr statt.

Jahrgang 1925.

1. Heffter, Lothar. Zur absoluten Geometrie II. Reichsmark 0·50
2. Roeser, Ernst. Die komplementären Figuren der nichteuklidischen Ebene. Reichsmark 0·50
3. Fladt, Kuno. Neuer Beweis f. d. Zuordnung von rechtwinkligem Dreieck und Spitzeck in der hyperbolischen Elementargeometrie. Reichsmark 0·30
4. Salomon, Wilhelm. Beobachtungen über Harnische. Reichsmark 0·70
5. Loewy, A. Beiträge zur Algebra. 1—4. Reichsmark 1·—
6. Hellpach, Willy. 2. Mitteilung zur Physiognomik der deutschen Volksstämme. Reichsmark 0·30
7. Loewy, Alfred. Neue elementare Begründung u. Erweiterung der Galois'schen Theorie. Reichsmark 2·—
8. Curtius, Theodor u. Bertho, Alfred. Einwirkung von Stickstoffkohlenoxyd und von Stickstoffwasserstoffsäure unter Druck auf aromatische Kohlenwasserstoffe. Reichsmark 0·40
9. Roeser, Ernst. Die gnomonische Projektion in der hyperbolischen Geometrie. Reichsmark 0·70
10. Rasch, G. Über die Ausnützung der Gezeiten des Meeres zur Energiegewinnung. Reichsmark 0·80
11. Salomon, Wilhelm. Magmatische Hebungen. Reichsmark 1·20
12. Pütter, A. Altersbestimmungen an Drachenbäumen von Tenerife. Reichsmark 0·90
13. Volk, Otto. Über geodätische rhombische Kurvennetze auf krummen Flächen, insbesondere auf Flächen konstanter Krümmung. Reichsmark 1·10
14. Roeser, Ernst. Die Fundamentalkonstruktion der hyperbolischen Geometrie. Reichsmark 1·40

(Fortsetzung siehe 3. Umschlagseite)

*) Bestellungen auf solche Veröffentlichungen der math.-naturw. Klasse, welche früher im Verlag von Carl Winters Universitätsbuchhandlung in Heidelberg erschienen sind, nimmt auch der Verlag Walter de Gruyter & Co., Berlin, entgegen.

Sitzungsberichte
der Heidelberger Akademie der Wissenschaften
Mathematisch-naturwissenschaftliche Klasse
Jahrgang 1929. 11. Abhandlung.

Über Eulers Dreieckssatz in der absoluten Geometrie

Von

Richard Baldus
in Karlsruhe

(Mit 4 Figuren)

Eingelaufen den 8. Juli 1929

Berlin und Leipzig 1929
Walter de Gruyter & Co.
vormals G. J. Göschen'sche Verlagshandlung / J. Guttentag, Verlagsbuchhandlung / Georg Reimer / Karl J. Trübner / Veit & Comp.

Über Eulers Dreieckssatz in der absoluten Geometrie.

Die interessante Lehre von den merkwürdigen Punkten des Dreiecks in der absoluten und der hyperbolischen Geometrie ist noch keineswegs abgeschlossen. In meinem Buch über Nichteuklidische Geometrie bin ich etwas näher darauf eingegangen als es sonst wohl geschehen mag[1]) und habe dabei (S. 112) ohne Beweis kurz erwähnt, daß in der hyperbolischen (und damit auch in der absoluten) Geometrie der bekannte Eulersche Satz der Euklidischen Dreiecksgeometrie nicht gilt, demzufolge in jedem Dreieck der Höhenschnittpunkt H, der Mittelpunkt M des Umkreises und der Schnittpunkt S der Mittellinien in einer Geraden liegen, der Euler schen Geraden. Da mich Herr H. Mohrmann darauf hinweist, daß es im Gegensatze zu dieser meiner Äußerung eine Ableitung des Euler schen Satzes für die absolute Geometrie gibt[2]), ist wohl eine genauere Untersuchung darüber gerechtfertigt, ob und in welchem Bereiche der absoluten Geometrie Eulers Satz gilt.[3])

Im folgenden wird zunächst an einem einfachen Beispiele gezeigt, daß es hyperbolische Dreiecke gibt, welche dem Euler schen Satze widersprechen. Anschließend wird festgestellt, für welche Dreiecke der Satz in der hyperbolischen Geometrie gilt. Es gelingt dann, Eulers Satz in zwei Teile zu zerspalten, deren erster der absoluten Geometrie angehört, während der zweite nur in der Euklidischen Geometrie richtig ist. Die Hilfsmittel sind anfangs elementargeometrisch, später wird das in N. G. vielfach verwendete „Prinzip der speziellen Lage" herangezogen.

In der Euklidischen Geometrie sind H, M, S immer eigentliche Punkte, in der hyperbolischen H und M nicht notwendig; daher beschränken wir uns vorläufig auf die Betrachtung von Dreiecken mit eigentlichen Punkten H, M. Später (Nr. 9, Schluß) werden wir uns von dieser Voraussetzung frei machen.

---

[1]) Nichteuklidische Geometrie. Hyperbolische Geometrie der Ebene. Sammlung Göschen Nr. 970, 1927, weiterhin zitiert als „N. G.". Vor allem S. 106 ff.

[2]) F. Schur, Grundlagen der Geometrie, 192 S., 1909. S. 90/91 findet sich ein Beweis des Eulerschen Satzes. Die vorangestellten 13 Postulate sind, wie man ohne weiteres erkennt, in der Euklidischen und der hyperbolischen, demnach auch in der absoluten Geometrie erfüllt.

[3]) Der Zusatz Eulers, daß $SM = \frac{1}{2} HS$ ist, beschäftigt uns hier nicht.

I. Der Widerspruch mit dem Eulerschen Satze.

1. *ABC* sei ein bei *C* rechtwinkeliges, nicht gleichschenkeliges Dreieck der absoluten Geometrie, Fig. 1, *P* der Mittelpunkt der Hypotenuse. Würde *CP* auf *AB* senkrecht stehen, dann wären die beiden Teildreiecke kongruent und das ursprüngliche Dreieck wäre, entgegen der Voraussetzung, gleichschenkelig. *C* ist der Höhenschnittpunkt des Dreiecks, *S* liegt innerhalb der Strecke *CP*, daher muß, wenn EULERS Satz für das Dreieck gelten soll, *M* auf die Gerade *CP* fallen. Da *M* auch auf der Mittelsenkrechten zu *AB* liegt und diese Senkrechte, wie soeben gezeigt wurde, von *CP* verschieden ist, fällt *M* mit *P* zusammen. Daher sind die Strecken *PA*, *PB*, *PC* kongruent, die Dreiecke *APC* und *BPC* bei *P* gleichschenkelig, folglich auch gleichwinkelig, und Δ *ABC* hat die Winkelsumme $2R$. D. h.

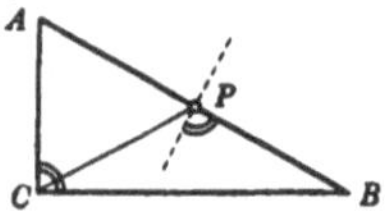

Fig. 1.

Die Aussage des EULERschen Satzes für ein rechtwinkeliges, nicht-gleichschenkeliges Dreieck ist dem Euklidischen Parallelenaxiom äquivalent.

Der EULERsche Satz „existieren für ein Dreieck die Punkte *H* und *M*, dann liegen sie immer mit *S* in einer Geraden" gilt daher nicht in der hyperbolischen Geometrie und ebensowenig in der absoluten Geometrie.[1])

II. Gleichschenkelige Dreiecke.

2. Liegt in der absoluten Geometrie ein beliebiges, gleichschenkeliges Dreieck vor, dann ist dessen Symmetriegerade gleichzeitig Höhe, Mittellinie und Mittelsenkrechte einer Seite, demnach auch EULERsche Gerade; außerdem existiert bekanntlich in jedem Dreieck *S* als innerer Punkt. Daraus folgt:

Existieren in der absoluten Geometrie für ein gleichschenkeliges Dreieck die Punkte *H* und *M*, dann liegen sie mit dem Punkt *S* des Dreiecks in einer Geraden.

---

[1]) Tatsächlich weist der auf S. 3 in Anm. 2 erwähnte Beweis eine Lücke auf, da auf S. 91 in der fünftletzten Zeile des Textes der Nachweis für die Behauptung $(\mathfrak{a}\,\alpha', \mathfrak{b}\,\beta') = M$ fehlt. Unser soeben abgeleitetes Ergebnis zeigt, daß diese Lücke nicht für ein beliebiges Dreieck ausgefüllt werden kann, ohne daß man das Euklidische Parallelenaxiom oder eine ihm äquivalente Aussage postuliert. Wie mir Herr F. SCHUR mitteilt, hat er seinem Buche die Betrachtungen über die merkwürdigen Punkte des Dreiecks nachträglich eingefügt und bei der Übernahme von Ergebnissen aus der dort zitierten Schrift von H. SCHRÖTER übersehen, daß sich deren Beweise nur soweit auf die absolute Geometrie übertragen lassen, als einzelne merkwürdige Punkte betrachtet werden, aber nicht dort, wo es sich um Beziehungen zwischen diesen Punkten handelt.

Setzt man die absolute Geometrie in der Euklidischen Geometrie fort, dann existieren H und M immer; setzt man sie dagegen in der einzig möglichen davon verschiedenen Weise, in der hyperbolischen Geometrie, fort, dann gelten für das gleichschenkelige Dreieck besondere Existentialbedingungen für H und M.

Die Untersuchung dieser Bedingungen wird besonders einfach, wenn man das schon erwähnte Prinzip der speziellen Lage verwendet[1]): Deutet man im Anschluß an F. Kleins projektive Auffassung der Nichteuklidischen Geometrie die Axiome der hyperbolischen Geometrie innerhalb eines reellen Einheitskreises (K) mit dem Mittelpunkt O, dann ist es für viele Zwecke bequem, hyperbolische Gebilde durch automorphe Kollineationen von (K), hyperbolische Bewegungen, in spezielle Lage zu O zu bringen und dann die folgenden Beziehungen zwischen der Euklidischen und der hyperbolischen Auffassung des Kreisinneren zu benützen:

a) Zwei Euklidisch senkrechte Gerade, von denen mindestens eine O enthält, sind auch hyperbolisch senkrecht.

b) Euklidische Strecken, die symmetrisch zu einem Durchmesser von (K) liegen, sind auch hyperbolisch kongruent.

c) Ein Winkel mit dem Scheitel O hat Euklidisch und hyperbolisch dieselbe Größe.

d) Zwischen der Euklidischen Länge a und der hyperbolischen Länge $\mathfrak{a}$ einer von O ausgehenden Strecke besteht die Beziehung $a = th\,\mathfrak{a}$.

3. Ein hyperbolisches, gleichschenkeliges Dreieck denken wir uns durch eine hyperbolische Bewegung mit seiner Spitze auf O gelegt, Fig. 2. Dann ist es in dieser Lage nach b) auch Euklidisch gleichschenkelig und seine Euklidischen Höhen sind nach a) auch die hyperbolischen Höhen. Der $\sphericalangle\, 2\alpha$ an der Spitze hat dabei nach c) Euklidisch und hyperbolisch dieselbe Größe.

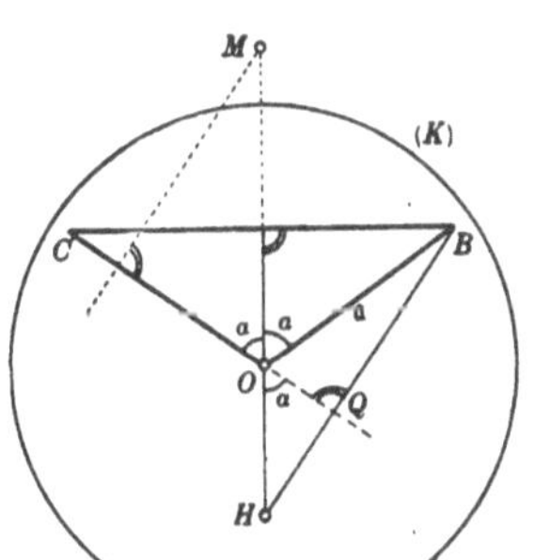

Fig. 2.

Ist 2α nicht stumpf, dann liegt der Euklidische Höhenschnittpunkt H innerhalb des Dreiecks oder in O und ist daher auch

[1]) N. G., vor allem S. 74—76. Dort ist der Mittelpunkt des Randkreises immer mit M bezeichnet. Das Prinzip der speziellen Lage ist auch außerhalb der Lehre von den merkwürdigen Punkten des Dreiecks von Wert, z. B. bei der Behandlung der hyperbolischen Trigonometrie (S. 112 ff.) oder der analytischen Geometrie (S. 121 ff.).

hyperbolischer Höhenschnittpunkt. Ist dagegen 2α stumpf, dann kann H auch auf oder außerhalb (K) fallen, so daß kein hyperbolischer Höhenschnittpunkt existiert. Die Euklidische Bedingung für die hyperbolische Existenz von H ist $OH < 1$. Nun ist, alles Euklidisch,

$$OH \cdot \cos\alpha = OQ = OC \cdot \cos(\pi - 2\alpha),$$

das liefert die Bedingung

$$OH = -\frac{OC \cdot \cos 2\alpha}{\cos\alpha} < 1.$$

Ist $\mathfrak{a}$ die hyperbolische Länge der Dreiecksseite OB, dann folgt vermöge d) und c) hieraus hyperbolisch

(1) $$cth\,\mathfrak{a} > \frac{1}{\cos\alpha} - 2 \cdot \cos\alpha. \qquad \text{D. h.}$$

Haben in der hyperbolischen Geometrie die gleichen Seiten eines gleichschenkeligen Dreiecks die Länge $\mathfrak{a}$ und schließen sie einen Winkel 2α ein, dann existiert der Höhenschnittpunkt des Dreiecks immer und nur dann, wenn entweder 2α nicht stumpf ist oder wenn 2α stumpf ist und die Ungleichung (1) erfüllt ist.

4. Zur Aufstellung der Bedingungen für die Existenz von M in einem hyperbolischen, gleichschenkeligen Dreieck denken wir uns dieses wieder mit der Spitze auf O gelegt, Fig. 3. Dann sind die hyperbolischen Mittelsenkrechten MO und MB_1 nach a) auch Euklidische Lote zu den Seiten; die Euklidische Bedingung $OM < 1$ für die hyperbolische Existenz von M liefert vermöge der Euklidischen Beziehung

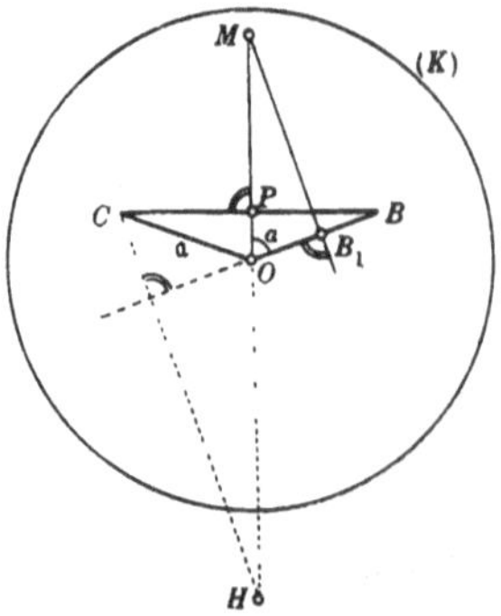

Fig. 3.

$$OB_1 : OM = OP : OB = \cos\alpha$$

die Euklidische Ungleichung $OB_1 < \cos\alpha$. Das führt zufolge d) auf die hyperbolische Ungleichung

(2) $$th\,\frac{\mathfrak{a}}{2} < \cos\alpha\,^{1)}. \qquad \text{D. h.}$$

[1]) Diese Ungleichung kann man auch aus der Forderung gewinnen, daß die hyperbolische Länge von OB_1 kleiner sein soll als die zum Parallelwinkel α gehörende Lotlänge.

Haben in der hyperbolischen Geometrie die gleichen Seiten eines gleichschenkeligen Dreiecks die Länge a und schließen sie den Winkel 2α ein, dann existiert ein Umkreis des Dreiecks dann und nur dann, wenn die Ungleichung (2) erfüllt ist.

Man erkennt hieraus ohne weiteres, daß es zu noch so kleinem α immer Dreiecke ohne Umkreis gibt. Von den Bedingungen (1) und (2) zieht keine die andere nach sich: Fig. 2 zeigt ein gleichschenkeliges Dreieck mit Höhenschnittpunkt aber ohne Umkreis, Fig. 3 ein solches ohne Höhenschnittpunkt aber mit Umkreis, durch Verkleinerung von OB in Fig. 2 kann man ein solches mit Höhenschnittpunkt und mit Umkreis gewinnen, durch Vergrößerung von OB in Fig. 3 ein solches ohne Höhenschnittpunkt und ohne Umkreis.

III. Gültigkeitsgrenzen des Eulerschen Satzes in der hyperbolischen Geometrie.

5. Nach Nr. 1 gilt der EULERsche Satz in der hyperbolischen Geometrie nicht für alle Dreiecke, nach Nr. 2 für gleichschenkelige Dreiecke, wenn nur H und M existieren. Es liegt nahe, in der hyperbolischen Geometrie nach allen Dreiecken zu fragen, für welche, die Existenz von H und M vorausgesetzt, EULERS Satz gilt.

Wir bedienen uns wieder des Prinzips der speziellen Lage. Das zu untersuchende Dreieck sei abermals mit der einen Ecke auf O gelegt, Fig. 4, die Euklidischen Längen seiner Seiten OB und OA seien a und b, γ sei der Winkel bei O. Nach Einführung des in der Figur angegebenen rechtwinkeligen Koordinatensystems erhält man die Euklidischen Koordinaten

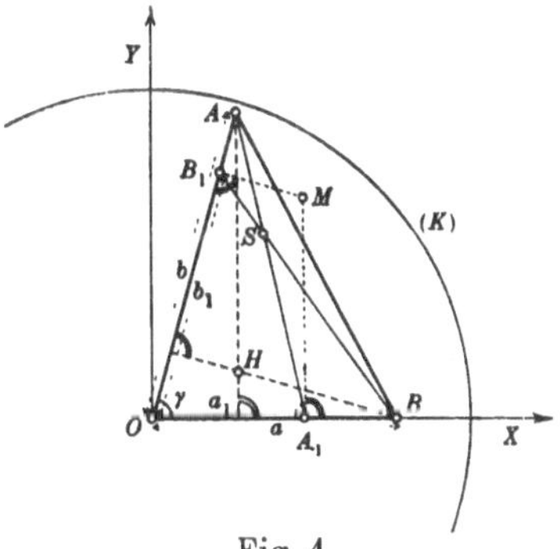

Fig. 4.

$$A\,(b\cdot\cos\gamma;\; b\cdot\sin\gamma),\quad B_1\,(b_1\cdot\cos\gamma;\; b_1\cdot\sin\gamma),\quad B\,(a;\; 0),\quad A_1\,(a_1;\; 0).$$

Für den Schnittpunkt S der hyperbolischen Mittellinien findet man nach einfacher Rechnung die Euklidischen Koordinatenwerte

$$(3)\qquad \begin{aligned} x_1 &= \frac{1}{b_1 a_1 - ba}\cdot[a a_1 (b_1 - b) + b b_1 (a_1 - a)\cos\gamma] \\ y_1 &= \frac{1}{b_1 a_1 - ba}\cdot b b_1 (a_1 - a)\sin\gamma. \end{aligned}$$

Die Euklidischen Lote zu den Dreiecksseiten in A_1 und B_1 sind nach a) die hyperbolischen Mittelsenkrechten, dies liefert für den Mittelpunkt M des hyperbolischen Umkreises die Euklidischen Koordinaten

$$(4) \qquad x_2 = a_1, \qquad y_2 = -a_1 \cdot \operatorname{cotg} \gamma + \frac{b_1}{\sin \gamma}.$$

Da die Euklidischen Höhen gleichzeitig hyperbolische Höhen sind, erhält man als Euklidische Koordinaten von H die Werte

$$(5) \qquad x_3 = b \cdot \cos \gamma, \qquad y_3 = a \cdot \operatorname{cotg} \gamma - b \cdot \frac{\cos^2 \gamma}{\sin \gamma}.$$

6. Die Bedingung dafür, daß die drei Punkte S, M, H in einer hyperbolischen und folglich auch Euklidischen Geraden liegen, ist

$$\Delta \equiv \begin{vmatrix} x_1 & y_1 & 1 \\ x_2 & y_2 & 1 \\ x_3 & y_3 & 1 \end{vmatrix} = 0.$$

Durch Einsetzen der Werte aus den Gln. (3)—(5) und Ausrechnen der Determinante findet man

$$\Delta = \frac{1}{b_1 a_1 - b a} \cdot \frac{1}{\sin \gamma} \cdot (a_1 - b \cos \gamma)\left(a - \frac{b_1}{\cos \gamma}\right)(a_1 b - a b_1).$$

Da $b_1 a_1 - ba$ und $\sin \gamma$ endlich und von Null verschieden sind, ist daher

$$(6) \qquad (a_1 - b \cos \gamma)\left(a - \frac{b_1}{\cos \gamma}\right)(a_1 b - a b_1) = 0$$

die Euklidische Bedingung für die Existenz der hyperbolischen EULERschen Geraden.

7. Das Verschwinden des ersten Faktors in (6) bedeutet nach Fig. 4, daß der hyperbolische Seitenmittelpunkt gleichzeitig Höhenfußpunkt, daher das Dreieck bei A gleichschenkelig ist. Das Verschwinden des zweiten Faktors enthält wegen der Vertauschung von a_1 mit b_1 und b mit a dieselbe Aussage für B. Das Nullsetzen des dritten Faktors bedeutet hyperbolisch wegen d)

$$th \frac{\mathfrak{a}}{2} \cdot th\, \mathfrak{b} - th\, \mathfrak{a} \cdot th \frac{\mathfrak{b}}{2} = 0.$$

Hieraus berechnet man leicht $\mathfrak{a} = \mathfrak{b}$, d. h. das Dreieck ist bei O gleichschenkelig. Das ist der Beweis des Satzes:

Gilt in der hyperbolischen Geometrie in einem Dreieck der EULERsche Satz, dann ist das Dreieck gleichschenkelig.

Hiermit und mit dem Satze von Nr. 2 sind die Gültigkeitsgrenzen des EULERschen Satzes in der hyperbolischen Geometrie bestimmt.

IV. Zerlegung des Eulerschen Satzes in zwei Teilsätze.

8. Nach Nr. 6 liegen die Punkte H, S, M unter der Euklidischen Bedingung

(7) $$a_1 b - a b_1 = 0$$

in einer Geraden. Sind dabei A_1 und B_1 die hyperbolischen Seitenmitten, dann folgt daraus nach Nr. 7 die Gleichschenkeligkeit des Dreiecks. Unabhängig davon, ob A_1 hyperbolische Seitenmitte ist, sagt Gl. (7) Euklidisch aus, daß $A_1B_1 \parallel AB$ ist, oder, was Euklidisch auf dasselbe hinauskommt, daß A_1B_1 auf der Dreieckshöhe aus O senkrecht steht. Diese letzte Aussage gilt aber nach a) gleichzeitig hyperbolisch. Daher enthält Nr. 6 zufolge Fig. 4 den Beweis des folgenden Satzes:

Fällt man in der absoluten Geometrie von einem Punkt A_1 der Seite BC eines Dreiecks das Lot auf die Höhe h_C, dann trifft dieses die Seite AC in einem Punkte B_1. S sei der Schnittpunkt der Transversalen AA_1 und BB_1, ferner existiere der Schnittpunkt M der in A_1 und B_1 zu den Dreiecksseiten errichteten Lote und der Höhenschnittpunkt H des Dreiecks. Dann liegen die Punkte S, M, H immer in einer Geraden.

9. In der Euklidischen Geometrie erhält man nun aus dem soeben abgeleiteten Satze der absoluten Geometrie sofort den Eulerschen Satz, indem man A_1 im Seitenmittelpunkte wählt und den Satz hinzunimmt, daß die Senkrechte aus dem Seitenmittelpunkt A_1 auf die Höhe h_C die Seite AC im Seitenmittelpunkte B_1 trifft.

In der hyperbolischen Geometrie dagegen gilt dieser letzte Satz nur dann, wenn das Dreieck bei C gleichschenkelig ist: die Verbindungslinie zweier Seitenmitten steht in der absoluten Geometrie bekanntlich zur Mittelsenkrechten der dritten Seite senkrecht und kann daher in der hyperbolischen Geometrie nur dann gleichzeitig auf der Höhe zu dieser Seite senkrecht stehen, wenn Mittelsenkrechte und Seitenhöhe zusammenfallen, denn sonst gäbe es zu zwei Geraden zwei gemeinsame Lote.

Damit ist der Eulersche Satz der Euklidischen Geometrie in zwei Teilsätze zerspalten, deren erster der absoluten Geometrie angehört, während der zweite bei nicht-gleichschenkeligen Dreiecken nur in der Euklidischen Geometrie gilt.

Will man sich nicht, wie man es im axiomatischen Aufbau der Geometrie zunächst tut, auf eigentliche Punkte beschränken, dann fallen in den Sätzen der Nrn. 2 und 8 die Existentialvoraussetzungen weg, die

Sätze der Nrn. 3 und 4 sprechen dann die Bedingungen dafür aus, daß ein eigentlicher Umkreis auftritt, keine Abstandslinie und kein Grenzkreis um das Dreieck.

10. Der Satz von Nr. 8 ist auch an sich interessant. Er gibt zu weiteren Fragestellungen Anlaß, von denen nur eine genannt sei: Man fällt von einem Punkt A_1 einer Dreiecksseite BC das Lot auf h_C und erhält B_1 auf AC, fällt von B_1 das Lot auf h_A und erhält C_1 auf AB. Kann nun auch $A_1 C_1$ auf h_B senkrecht stehen? In der Euklidischen Geometrie erkennt man sofort, daß dies immer und nur dann eintritt, wenn A_1 (und damit auch B_1 und C_1) Seitenmittelpunkt ist.

Es liege nun ein hyperbolisches Dreieck mit Höhenschnittpunkt vor. Man legt es, wieder nach dem Prinzip der speziellen Lage, mit seinem Höhenschnittpunkt auf O. Dann sind die Euklidischen Senkrechten zu den Höhen nach a) auch hyperbolische Senkrechte, daher gibt es nach dem soeben Gesagten auch hyperbolisch genau ein Dreieck $A_1 B_1 C_1$, nämlich das aus den Euklidischen Seitenmitten gebildete, dessen Seiten auf den Höhen des ursprünglichen Dreiecks senkrecht stehen. Demnach gilt folgender Schließungssatz:

Es gibt in der absoluten Geometrie zu jedem Dreieck ABC mit Höhenschnittpunkt genau ein eingeschriebenes Dreieck $A_1 B_1 C_1$ (d. h. A_1 ist innerer Punkt der Strecke BC usw.) derart, daß die Seiten des zweiten Dreiecks auf den Höhen des ersten senkrecht stehen.

11. Die Sätze der Nrn. 8 und 10 sind mittels des Prinzips der speziellen Lage gewonnen. Auf ähnliche Weise kann man noch weitere Tatsachen der absoluten Geometrie erkennen. Als erstes Beispiel sei folgender Satz angeführt[1]):

Fällt man in der absoluten Geometrie von einem Punkte P der Seite AC eines Dreiecks ABC auf die Mittelsenkrechte der Seite AB das Lot, dann schneidet dieses Lot die Seite BC in einem Punkte Q, und die Strecken AQ und BP schneiden sich in einem Punkte der Strecke, welche C mit dem Mittelpunkte von AB verbindet.

Hieraus folgt unmittelbar der Satz vom Scknittpunkt der Mittellinien.

Als zweites Beispiel sei der Nachweis genannt, daß die bekannte Tatsache der Euklidischen Geometrie, daß im spitzwinkeligen Dreieck die Höhen gleichzeitig die Winkelhalbierenden des Höhenfußpunktdreiecks sind, auch in der absoluten Geometrie gilt.[2])

[1]) N. G., S. 111/112. [2]) N. G., S. 109.

Alle diese Sätze sind zwar mittels des Prinzips der speziellen Lage als Tatsachen der absoluten Geometrie erkannt, sie mit den Mitteln der absoluten Geometrie oder sogar der absoluten Geometrie der Ebene zu beweisen, ist aber eine besondere Aufgabe, die, wie das bekannte Beispiel des Satzes vom Schnittpunkte der Mittellinien zeigt, sehr große, bisher unlösbare Schwierigkeiten bieten kann.[1]) Ohne einen solchen Beweis gehören diese Sätze noch nicht zum axiomatisch gesicherten Bestande der absoluten Geometrie, denn man kann sie bisher nur dadurch ableiten, daß man zu den Axiomen der absoluten Geometrie erstens das Euklidische, zweitens das hyperbolische Parallelenaxiom hinzunimmt und in diesen beiden, eine vollständige Disjunktion liefernden, Fällen die fraglichen Sätze beweist. Es handelt sich daher hier um bemerkenswerte Beispiele von Sätzen einer mathematischen Disziplin, die zwar als in dieser Disziplin geltend erkannt, aber noch nicht in hir bewiesen sind.

Karlsruhe, im Juli 1929.

---

[1]) H. LIEBMANN, Nichteuklidische Geometrie. 3. Aufl. 150 S., 1923. Vgl. S. 22.

15. RÜGER, L. u. RÜGER-HAAS, P. Palaeosemaeostoma geryonides v. Huene sp. eine sessile Meduse aus dem Dogger von Wehingen i. W. und Medusina liasica nov. sp., eine coronatenähnliche Meduse aus dem mittleren Lias von Hechingen i. Württemberg. Reichsmark 1·50

Jahrgang 1926.

1. KRULL, WOLFGANG. Theorie und Anwendung der verallgemeinerten Abelschen Gruppen. Reichsmark 1·70
2. KLEBS, GEORG. Über periodisch wachsende tropische Baumarten. Reichsmark 1·20
3. MÜLLER, MAX. Über die Oberfläche von Flächenstücken. Reichsmark 1·20
4. ERNST, MAX. Über Anlagen von Organen, die nicht zur Ausbildung gelangen. Reichsmark 0·50
5. ERNST, EMIL. Die optischen Eigenschaften des Andesins von Bodenmais. Reichsmark 1·10
6. LIEPMANN, WILHELM. Leichengeburt bei Ichthyosauriern. Reichsmark 0·90
7. KLEBS, GEORG. Über die Längenperiode der Internodien. Reichsmark 2·40
8. JOST, L. u. v. UBISCH, G. Zur Windefrage. Reichsmark 0·80
9. SALOMON, WILHELM. Gibt es Gesteine, die für bestimmte Erdperioden charakteristisch sind? Reichsmark 0·30
10. ROESER, ERNST. Der reelle Übergang zwischen den beiden nichteuklidischen Geometrien und ihrem Parallelenbegriff. Reichsmark 1·20
11. SALOMON, WILHELM. Kugelförmige Absonderung. Reichsmark 0·80
12. SALOMON, Felsenmeere und Blockstreuungen. Reichsmark 0·80
13. SALOMON, Die Gruppendefinitionen in der Paläontelegie. Reichsmark 0·90

Jahrgang 1927.

1. LOEWY, ALFRED. Neue elementare Begründung und Erweiterung der Galoisschen Theorie. Reichsmark 1·60
2. LIEBMANN, HEINRICH. Rhombische Geradennetze im Raum. Reichsmark 1·—
3. VOLK, OTTO. Über geodätische Dreiecknetze auf Flächen konstanten Krümmungsmaßes. Reichsmark 1·80
4. PÜTTER, A. Chemische Reizwirkung und Giftwirkung. Mit einem mathematischen Anhang: Ein Diffussionsproblem von E. TREFFTZ. Reichsmark 2·40
5. REMBS, EDUARD. Die Verbiegung des verlängerten Rotationsellipsoids. Reichsmark 1·60
6. MAYER, ADOLF. Naturwissenschaftliche Ästhetik. Reichsmark 0·90
7. MAYER, ADOLF. Naturwissenschaftliche Volkswirtschaftslehre. Reichsm. 0·80
8. BAER, R., KAPFERER, H., KRULL, W., SCHMIDT, F. K. Beiträge zur Algebra. Nr. 5—10. Reichsmark 6·20
9. MÜLLER, MAX. Über die Eindeutigkeit der Intregale eines Systems gewöhnlicher Differentialgleichungen und die Konvergenz einer Gattung von Verfahren zur Approximation dieser Integrale. Reichsmark 2·50
10. FREUDENBERG, KARL. Intramolekulare Umlagerung optisch-aktiver Systeme. Reichsmark 1·—
11. ROESER, ERNST. Abbildung der hyperbolischen Ebene auf die Kugel mittels der Beziehung zwischen Lot und Parallelwinkel. Reichsmark 1·—
12. RÜGER, L. Die direkte gebirgsgetreue Übertragung der auf dem Universaldrehtisch gewonnenen Messungsergebnisse gebirgsorientierter Schliffe in das Diagramm. Reichsmark 1·20
13. JOST, L. Elektrische Potentialdifferenzen an der Einzelzelle. Reichsmark 1·90

Jahrgang 1928.

1. RÜGER, L. Einige Bemerkungen zur Darstellung tektonischer Elemente, insbesonders von Klüften und Harnischen. Reichsmark 1·20
2. HERBST, CURT. Untersuchungen zur Bestimmung des Geschlechts. Ein neuer Weg zur Lösung des Geschlechtsbestimmungsproblems bei Bonellia viridis. Reichsmark 1·50
3. MERTON, HUGO. Untersuchungen über die Entstehung amöbenähnlicher Zellen aus absterbenden Infusorien. Reichsmark 2·20

4. Baer, Reinhold. Zur Einordnung der Theorie der Mischgruppen in die Gruppentheorie. Reichsmark 2·20
5. Baer, Reinhold. Über die Zerlegungen einer Mischgruppe nach einer Untermischgruppe. Reichsmark 1·50
6. Roeser, Ernst. Komplementäre Körper der beiden nichteuklidischen Geometrien. Reichsmark 1·—
7. Krull, Wolfgang. Primidealketten in allgemeinen Ringbereichen. Reichsmark 1·10
8. Salomon, Wilhelm. Geologische Beobachtungen des Leonardo da Vinci. Reichsmark 0·90
9. Liebmann, Heinrich. Die Sätze von Lie und Gambier über Kurven eines Linienkomplexes. Reichsmark 0·90
10. Merz, K. W. Über den Wirkungsantagonismus von Blutkörperchen und Serum bei chemisch faßbaren biologischen Vorgängen. Reichsmark 1·20
11. Mühlbach, R. Über Raumkurven in der Möbius'schen Geometrie. Reichsmark 1·20
12. Ernst, Paul. Wurzeln der Medizin. Reichsmark 1·50
13. Mayer, Adolf. Naturwissenschaftliche Apologetik des Christentums. Reichsmark 1·60 And
14. Baer, Reinhold. Beiträge zur Galoisschen Theorie. Reichsmark 1·80
15. Salomon, Wilhelm. Neue geologische Beobachtungen im Baitonegebiet des Adamello. Reichsmark 0·90
16. Erdmannsdörffer, O. H. Über Disthen Andalusitparagenesen. Reichsm 1·20
17. Schneidt, Max. Kurvennetze ohne Umwege. Reichsmark 1·30
18. Bopp, K. J. H. Lamberts und A. G. Kaestners Briefe aus den Gothaer Manuskripten herausgegeben. Reichsmark 2·20
19. Freudenberg, K. Zur Kenntnis des Fichtenholz-Lignins. Reichsmark 1·10

Jahrgang 1929:

1. Volk, Otto. Über Flächen mit geodätischen Dreiecksnetzen. Reichsm. 2·50
2. Schmidt, F. K., Krull, W., Breuer, S. Beiträge zur Algebra. Nr. 11—13. Reichsmark 1·80
3. Hieber, W., Zur Kenntnis der chemischen Reaktionen des Eisencarbonyls. Reichsmark 0·90
4. Salomon, Wilhelm. Gletscherbeobachtungen am Vadret Lischanna (Unterengadin). Reichsmark 1·—
5. Salomon, Wilhelm. Arktische Bodenformen in den Alpen. Reichsmark 2·50
6. Müller, Max. Über die Greensche Funktion des Laplaceschen Differentialausdruckes. Reichsmark 1·50
7. Rüger, L. Machairodus latidens Owen aus den altdiluvialen Sanden von Mauer a. d. Elsenz. Reichsmark 0·90
8. Lenard, P. Über Energie und Gravitation. Reichsmark 1·90
9. Deecke, W. Zur Entstehung der Kare. Reichsmark 0·80
10. Roeser, E. Neue Sätze über sphärische und hyperbolische Fünfecke. Reichsmark 1·—
11. Baldus, R. Über Eulers Dreieckssatz in der absoluten Geometrie. Reichsmark 1·—

Druck: Hermann Böhlaus Nachfolger, Hof-Buchdruckerei, G. m. b. H., Weimar.

Kolibri 360 GmbH
Ferdinand-Jühlke-Straße 7
99095 Erfurt, Deutschland
produktsicherheit@kolibri360.de